我的第一本科学漫画书

数学世界
历险记 ④

光战士达帕尔

玩游戏
看漫画
学数学

U0270798

수학세계에서 살아남기 4

Text Copyright © 2011 by Ryu, Giun

Illustrations Copyright © 2011 by Moon, Junghoo

Simplified Chinese translation copyright © 2014 by 21st Century Publishing House

This Simplified Chinese translation copyright arranged with LUDENS MEDIA CO., LTD.

through Carrot Korea Agency, Seoul, KOREA

All rights reserved.

版权合同登记号 14-2011-648

图书在版编目（CIP）数据

光战士达帕尔 / （韩）柳己韵文 ;（韩）文情厚绘 ; 全玉花译 .
-- 南昌 : 二十一世纪出版社 , 2014.7（2023.11 重印）
（我的第一本科学漫画书 . 数学世界历险记 ; 4）
ISBN 978-7-5391-8753-2

Ⅰ . ①光⋯ Ⅱ . ①柳⋯ ②文⋯ ③全⋯ Ⅲ . ①数学 –
儿童读物 Ⅳ . ① O1-49

中国版本图书馆 CIP 数据核字（2014）第 068466 号

我的第一本科学漫画书·数学历险记 ④

光战士达帕尔 GUANG ZHANSHI DAPA'ER

[韩] 柳己韵 / 文　[韩] 文情厚 / 图　全玉花 / 译

出 版 人	刘凯军	
责任编辑	杨定安　李　树	
美术编辑	陈思达	
出版发行	二十一世纪出版社集团	
	（江西省南昌市子安路 75 号　330025）	
网　　址	www.21cccc.com	
印　　刷	江西宏达彩印有限公司	
开　　本	787mm×1092mm　1/16	
印　　张	11	
版　　次	2014 年 7 月第 1 版	
印　　次	2023 年 11 月第 17 次印刷	
书　　号	ISBN 978-7-5391-8753-2	
定　　价	35.00 元	

赣版权登字 -04-2014-109　　版权所有，侵权必究

购买本社图书，如有问题请联系我们 : 扫描封底二维码进入官方服务号。

服务电话 : 0791-86512056（工作时间可拨打）; 服务邮箱 : 21sjcbs@21cccc.com。

我的第一本科学漫画书

数学世界历险记 ④

［韩］柳己韵/文
［韩］文情厚/图
全玉花/译

玩游戏
看漫画
学数学

光战士达帕尔

21 二十一世纪出版社集团
21st Century Publishing Group

目 录

郭道奇

修炼中的、想要成为大魔法师的超级数学天才，能凭直觉解开高难度数学题。缺点是一旦肚子饿了，就会把所有东西都看成食物。

金达莱

能沉着应对各种危机的数学少女，和不停惹麻烦的道奇有着不同的个性，是受大家欢迎和信赖的伙伴。

精灵智妮

为对抗路西法而被设计出来的数学世界的管理者，每天能帮助孩子们实现一个愿望。

路西法

数学世界的最终之神，妄图使用各种阴谋诡计，达到支配现实世界的目的。

真理骑士巴尔扎克

骷髅骑士，曾经是黑色骑士团的团长，被路西法打败之后，一直梦想着复活骑士团。

贤者村的贤者

数学世界里无所不知的人，他要把道奇一行送到别西卜所在的黑暗峡谷去。

本书指南

《数学世界历险记》百分百利用法

漫画数学常识

这里有丰富而有趣的数学知识，例如大家一定要熟记的**基本数学概念**、历史中的**数学故事**以及在日常生活中常见的**数学原理**等。

创新数学谜题

运用每章中介绍的数学概念，来解答难度各异的趣味数学问题。

道奇的问题是最简单的问题。通过解答"道奇的问题"来接触有趣的数学吧！

达莱的问题是略有难度的问题。通过解答"达莱的问题"来培养对数学的浓厚兴趣吧！

智妮的问题是最难的问题。通过解答"智妮的问题"来尝试变成数学天才吧！

正确答案及解析

"创新数学谜题"的解答过程与正确答案。

第一章　占星术

咦?

是分岔路。

达莱,去贤者村要走哪条路啊?

等等。

这里有图形之国的领主给的地图，

打开看看就知道了。

我们也不知道黑暗峡谷在哪里。

但是贤者村的贤者一定知道，

因为他们对这个世界无所不知。

那贤者村怎么走？

……

很难用几句话解释……

咳咳

？？？

来，拿着这张地图吧。

一定要注意，远远离开我们的领地之后再打开看。

想回也回不来的距离……

领主是这样说的吧？

不明白为什么非得远离他的领地之后才能打开看。

怪不得……

对不起，
其实我不知道
贤者村在哪儿。

祝你们好运 ♥

怎么会这样……

只能用我的魔法占星术
判断怎么走。

占星术？

哎，
没办法了。

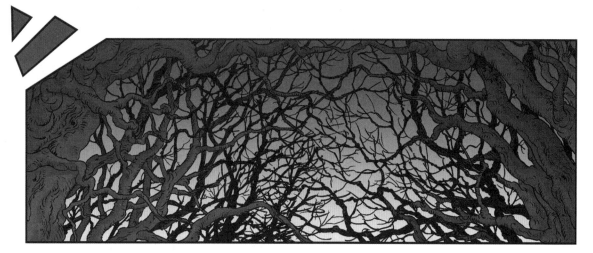

感觉这里越来越阴森了，姐姐。

……

是……是啊。

哼，等着瞧。

……

无视天才魔法师的占星术，是要付出代价的。

今天就在附近睡一晚，明天许愿，姐姐带我们去那儿好吗？

为什么？

不行。

我对这个世界不了解，

不知道贤者村和黑暗峡谷在哪里。

所以没法帮你们实现愿望。

是……是吗？

嗒

嗯？

喂！笑什么，还不赶紧把我们放下来！

……

无视我的警告，明明是你们的错……

凭什么对我凶？

啊！

道奇，小心后面！

后面？

我是真理骑士巴尔扎克！

来跟我比一场！如果你赢了，我放你走，否则要了你的命！

什么？

等会儿！

决斗的时候不要废话！

哇呀呀！

呵，这小子够敏捷的啊！

……

没别的办法了。

我要让你看看惹怒了天才魔法师郭道奇会是什么结果。

我想想，让你变成青蛙呢，还是让你屁股上长角呢？

还是……

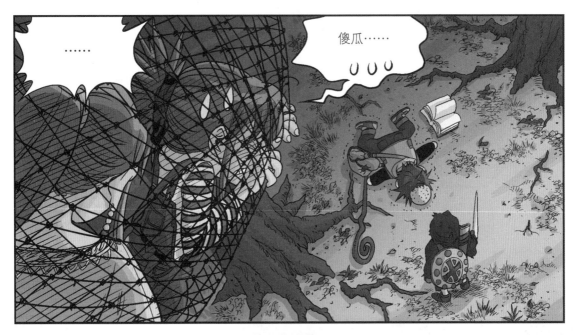

第二章　真理骑士巴尔扎克

不要！

那个骷髅会杀了道奇的！

姐姐，快点想想办法吧！

情况再怎么糟糕……

我除了帮你们避开路西法的追踪，一天也只能实现你们一个愿望。

……

那该怎么办？

嗯？

我差点把你们忘了。

啊！

！

你们快点走吧。

什么?

我是骑士！不伤害女人！

......

而且，你们也不用为他担心！

如果我的理论是真理，这个箭就射不中他！

理论？

嘎吱

等……等等！

瞄准了肯定会射中的啊！

除非射偏。

我的箭从来不会射偏。

所以不能射！

哎……

好吧，我给你们这些愚昧的人解释一下这个理论。

愚，愚昧？

你觉得箭会射中那个小子吧？

不是觉得，是肯定。

但理论上不是这样的。

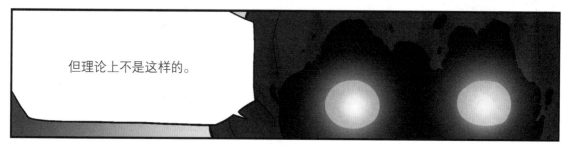

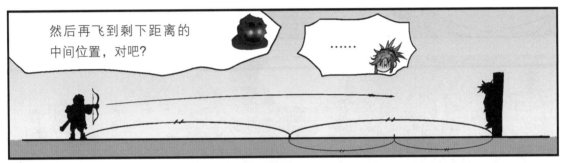

……

好像是吧。

哈哈

啊！

那就……

停，停！

您是为了检验理论的正确与否而射箭的吗？

检验？

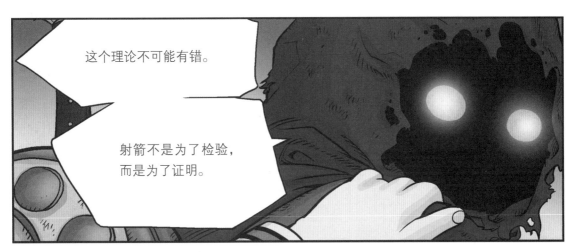

这个理论不可能有错。

射箭不是为了检验，而是为了证明。

今天肯定不是您第一次想要证明这个理论吧？

为什么以前都没有证明出来呢？

……

今天感觉不错。

感觉能成功……

等等！

我可以证明那条理论是错误的！

什么?

你竟敢胡言乱语!

神告诉我的理论
怎么会有错?

如果你不能证明,可
要承担巨大的后果。

这就是错误的理论!

我能用简单的
方法证明!

!

喂，达莱。

......

那个骷髅骑士看上去智商不够高，万一他说听不明白你的解释该怎么办啊？

?

没问题，我用他能理解的方式证明给他看。

沙沙

!

您在那儿别动。假设这个点是您和道奇所在的位置之间的中点。

咔

然后……

沙沙

按照您的理论，射向第二个点的箭首先要到达第一个点。

那么箭在到达第一个点之前，要飞到您与第一个点中间的位置，再飞余下距离的一半……

这样的话，箭不是连第一个点都到不了吗？

第一个点

第二个点

这个点是道奇所在的位置。您向这个点射箭。

咔

聪明！

啪

怎么样?

……

…… …… ……

啊 啊 啊 啊

哎呀

怎，怎么可能？

……

原以为是真理，
居然是诡辩……

浑蛋路西法，
你欺骗我！

我付出的代
价，会要你
十倍偿还！

呵呵。

路，路西法？

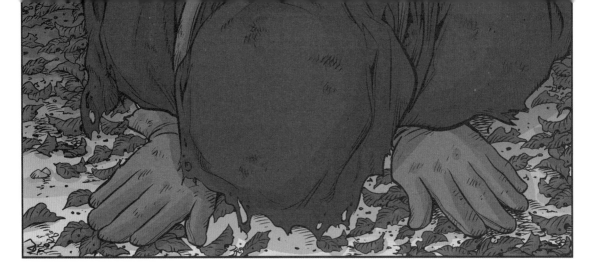

您为我解开了命运的枷锁，我要报答您。

请您成为我的主人吧。

啊？

主，主人？

太突然了……

好羡慕达莱啊。

再饿也不能捡地上的东西吃啊，智妮姐姐。

呼……

到底他在做什么梦啊？

什么是分数

把比萨等分为两半，就是把比萨均等地分成两部分。一半是指一个整体被等分为两个部分后其中的一部分。

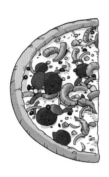

不均等就不能叫"一半"。

如何表示一半比萨的大小呢？如果把整个比萨设为1，一半比萨的大小肯定要比1小吧？把整体等分为两半，其中一半可以表示成$\frac{1}{2}$。像$\frac{1}{2}$这样，表示整体中的部分的数叫分数。

$\frac{1}{2}$，$\frac{1}{3}$，$\frac{2}{3}$，$\frac{1}{4}$，$\frac{2}{4}$……这些数都是分数。

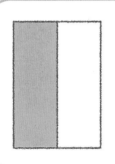
$\frac{1}{2}$是把整体等分为两半的其中一半，读作"二分之一"。

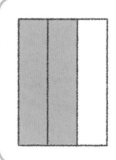
$\frac{2}{3}$是把整体等分为三个部分的其中两个部分，读作"三分之二"。

分数中间的一条横线叫"分数线"，分数线下面的数叫作"分母"，分数线上面的数叫作"分子"。

$$分数线 \rightarrow \frac{3 \leftarrow 分子}{5 \leftarrow 分母}$$

$\frac{3}{5}$是把整体等分为五个部分的其中三个部分，分母是5，分子是3。把整体等分为几个部分用分母表示，分子表示占整体的几个部分。

道奇的问题（难易程度：二年级下学期）

根据分数涂颜色。

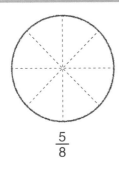

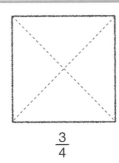

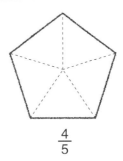

$\frac{5}{8}$ $\frac{3}{4}$ $\frac{4}{5}$

达莱的问题（难易程度：二年级下学期）

用分数表示涂颜色的部分，并读一读。

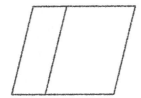

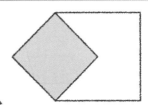

写法 ☐ 写法 ☐ 写法 ☐

读法 ☐ 读法 ☐ 读法 ☐

智妮的问题（难易程度：二年级下学期）

根据分数涂颜色。

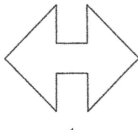

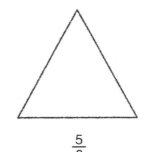

$\frac{1}{4}$ $\frac{5}{6}$

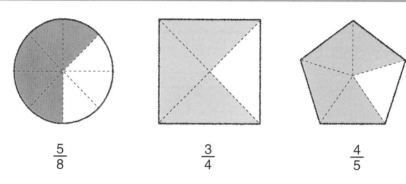

$\dfrac{5}{8}$ 是把整体等分为 8 的其中 5，要涂五个部分；$\dfrac{3}{4}$ 是把整体等分为 4 的其中 3，要涂三个部分；$\dfrac{4}{5}$ 是把整体等分为 5 的其中 4，要涂四个部分。只要涂对了数量，涂哪个部分都可以。

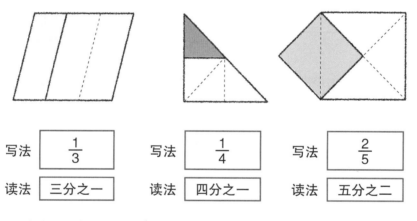

| 写法 | $\dfrac{1}{3}$ | 写法 | $\dfrac{1}{4}$ | 写法 | $\dfrac{2}{5}$ |
| 读法 | 三分之一 | 读法 | 四分之一 | 读法 | 五分之二 |

首先要看整体是有颜色部分的几倍，如果不是整数倍数，就要把有颜色的部分分成更小的部分，再与整体作比较。

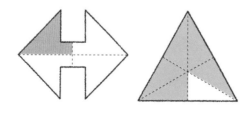

想一想如何把图形等分为分母数。左图：先等分为 2，再把其中每个 1 等分为 2。右图：先等分为 3，再把其中每个 1 等分为 2。

第三章　巴尔扎克的秘密

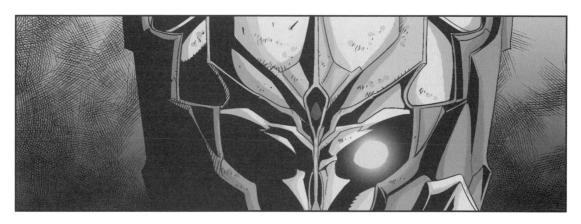

凯撒大帝！

他是这片大陆上实力最强的领主。

我是凯撒大帝的忠臣，黑色骑士团的团长。

我们百战百胜。

即将征服整个大陆。

却遭遇了路西法率领的魔刀军团。

你们这帮放肆的家伙，

如果不马上投降，我就将你们置于死地。

我们只追求真理！

啊?

真理的骑士，
巴尔扎克！

！

45

凯撒大帝和他的军团全被我消灭了，就剩下你一个人！

！

放弃对抗，服从我吧。我会让你长生不老。

我不会妥协！

我只服从"真理"的主人！

......

是吗?

那好,我就不再劝你了。

已定胜负的战争不需要多余的牺牲。

给你一条永远不变的真理吧。

如果你能证明它,我可以让你的主人和军团复活。

······

……所以……

……

为了证明这个理论，我一直过着生不如死的生活……

呜呜……

好可怜啊。

从外表上看，他跟死人没什么区别啊……

结果不过是诡辩而已。

路西法，我饶不了你！

哇呀呀。

喂喂，小心被他听到。

被这种简单的问题骗到的人真是傻瓜啊。

或者说太单纯了……

不过，你是怎么想出那么简单的证明方法的？

嗯？

我读过古希腊哲学家苏格拉底的故事，其中有相似的问题。

我只是用了苏格拉底的方式解题而已。

嘿嘿～

那也很了不起啊。

居然还读那种书……

……

咦，奇怪了！

路西法，快给我滚出来！

这里是路西法创造的世界！

为什么他还留着巴尔扎克这个隐患呢？

……

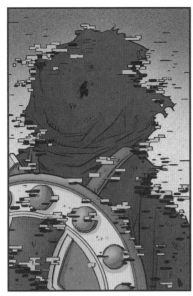

啊！

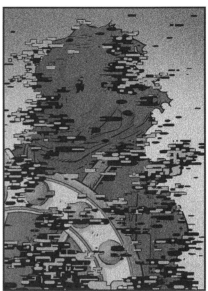

是程序错误*。

……是的！

* 程序错误（bug）：电脑程序或系统中的漏洞。

不是不除掉他……

而是无法除掉他吧。

50

程序会对抗它的创造者，
是根本不可能的事，

不过要是出现
"程序错误"
就有可能了。

路西法能消灭凯撒
大帝和他的军团，

却不能消灭巴尔扎克
这位骑士，

这可是天大的好消息！

这位骑士如果是路西法的致命打击，

也就是孩子们的强大助手啊！

贤者村？

我知道那个地方。

真的吗？

那您能带我们去那儿吗？

当然可以，只要主人愿意。

还有，既然您已是我的主人，请不要您啊您的。

可是我这么小，怎么可以……

有什么不可以的啊？

咱们得遵守这个世界的规矩嘛。

那好吧，骑士，把我们这些主人带到贤者村吧。

第四章
贤者村

到了！

前面就是贤者村！

哇，终于有救了！

那里有水和食物吧？

我已完成任务，就先告退了……

真的要走吗？

是，我要进入真理的空间继续修炼。

不过请您放心，主人一叫，我会马上现身。

告辞。

哇啊！

......

他假装消失，其实是躲到石头后面去了吧？

扑哧！

呵呵。

什么"真理的空间"？不要幼稚了，快出来！

嘘！嘘！假装没看见吧。

......

一个人都没有吗?

哪都见不着
人影啊。

屋子里都
是空的。

咯吱

达莱啊！

嗯？

他那样一直跟着，还不如和我们一起走呢。

……

嘻嘻。

不是让你假装没看见吗？

咦？

有人！

！

哦?

这里就是贤者村，

不过我不是贤者，而是清扫工。

啊哈。

现在村里一位贤者都没有吗?

有一位在呢。

能告诉我们他在哪吗?

可以啊。

往那边的胡同走120米，有一个岔路口。

在那儿向右30度方向走150米，再向右60度方向走90米。

你们就能见到贤者了。

要走那么远？

我饿得两腿都发软了。

……

您有喝的或者吃的吗？

我没有，不过贤者那儿有。

为了招待访客，他会常年储备食物。

不过最近访客稀少，

不知够不够三个人吃。

紧张

量少？

那个，
叔叔……

嗯？

如果像您说
的那样……

道奇，等等！

啪嗒嗒
嗒

等什么等？
食物量少，
先到先得！

喂！

我一步大约是 50 厘米，

大概要跑 240 步。

哇，分岔路口！

向右 30 度肯定是这边！

这次要跑 150 米，大概是 300 步！

哦耶！

最后一个分岔路口！

啪嗒嗒

呼味

这次是60度方向!

达莱,对不起了!

呼味 呼味

不过这叫生存竞争吧?

终于到达!

啪嗒嗒嗒嗒

贤者大人!♡

怎么回事?

咣

什，什么情况?
怎么会这样?!

我刚才不是让你等等吗?

一头栽倒

咚

贤者大人说的是直角三角形，

所以最后是要回到原点的。

120m

150m

90m

你呀,拥有立体思维能力,怎么还意识不到这不过是个简单的问题?

......

饿过头,没理智了吧。

咳!

你们没看出来我是想让给你们,才故意遛弯回来的吗?

当真?

你就睁眼说瞎话吧。

还剩了好多,快过来吃吧。

真的吗?

那我就不客气了……

哇啊!

啪

等等!

没有我的允许不能吃!

为什么?

这么简单的机关都识破不了,真想让你一直饿着。

看你可怜,我再给你一次机会。

猜猜我的年龄,猜对了,我就让你吃。

什么?

那个……从皮肤弹性和皱纹深度来看,大约……

啪

先听我的提示!

是。

然后独自修炼 13 年，直到现在。

我现在年龄的 $\frac{1}{8}$ 时间和父母度过，$\frac{1}{7}$ 的时间是孤儿，$\frac{1}{2}$ 的时间和师傅度过。

我现在的年龄是多大呢？

……

那，那就是说……

咕噜咕噜

嗯?

哇哦.

贤者大人.

狼吞虎咽

吧 nen 吧 nen

咕嘟 咕嘟

活到西瓜一般大的年纪，面包的时间为孤儿……

那么贤者大人的年龄是……

吧 nen 吧 nen

你说什么?

两个，香蕉……

……

吧唧吧唧!

饿得不省人事了。

贤者大人，

我替道奇解题，能不能给他一些吃的呢?

哟嗬，

你能解答吗?

是的。

乍一听会觉得这么多分数一定很复杂，

可如果懂得通分的概念，问题就简单了。

先来整理一下您说的内容。

和父母度过的时间：	$\frac{1}{8}$
成为孤儿度过的时间：	$\frac{1}{7}$
和师傅一起度过的时间：	$\frac{1}{2}$
一个人度过的时间：	13 年

先把三个分数通分，也就是把分母统一为同一个数字。

$$\frac{1}{8} \quad \frac{1}{7} \quad \frac{1}{2} \Rightarrow \frac{1 \times 7}{8 \times 7} \quad \frac{1 \times 8}{7 \times 8} \quad \frac{1 \times 28}{2 \times 28}$$

$$\Rightarrow \frac{7}{56} \quad \frac{8}{56} \quad \frac{28}{56}$$

假设贤者大人的年龄为 X，我可以这样算出结论：

$$x = \frac{1}{8}x + \frac{1}{7}x + \frac{1}{2}x + 13$$

$$x = \frac{7}{56}x + \frac{8}{56}x + \frac{28}{56}x + 13$$

$$x = \frac{43}{56}x + 13$$

$$\frac{56}{56}x - \frac{43}{56}x = 13$$

$$\frac{13}{56}x = 13$$

$$x = 56$$

所以贤者大人的年龄是 56 岁。

哇啊！

分数的约分

道奇、达莱和智妮用彩色纸做手工。道奇用掉了红色纸的 $\frac{8}{12}$，达莱用掉了黄色纸的 $\frac{4}{6}$，智妮用掉了蓝色纸的 $\frac{2}{3}$。从右边的示意图可以看出，他们三人用掉的纸张

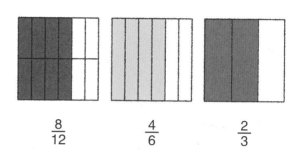

$$\frac{8}{12} \qquad \frac{4}{6} \qquad \frac{2}{3}$$

大小都是一样的。由此可见，这三个分数的大小也是一样的。分数的分母和分子同时乘以或除以相同的数（不等于0），分数的大小不变。

分母和分子同时乘以相同的数（不等于0）	分母和分子同时除以相同的数（不等于0）
$\frac{2}{3}=\frac{2\times2}{3\times2}=\frac{4}{6}$ $\frac{2}{3}=\frac{2\times4}{3\times4}=\frac{8}{12}$ $\frac{2}{3}=\frac{4}{6}=\frac{8}{12}$	公约数　最大公约数 $\frac{8}{12}=\frac{8\div2}{12\div2}=\frac{4}{6}$ $\frac{8}{12}=\frac{8\div4}{12\div4}=\frac{2}{3}$ $\frac{8}{12}=\frac{4}{6}=\frac{2}{3}$ 既约分数（最简分数）

把一个分数的分子、分母同时除以一个数，分数的值不变，这个过程叫约分，这个数是分子与分母的公约数。公约数必须是可以同时整除分子和分母的整数。这样的数可能有多个，其中最大的那个叫最大公约数，分母和分子同时除以最大公约数得到的数叫作最简分数，又叫既约分数，即分子、分母只有公约数1的分数。$\frac{2}{3}$ 就是一个既约分数，它看起来是不是比 $\frac{4}{6}$ 和 $\frac{8}{12}$ 更简单和直观呢？

分数的通分

为了方便分母不同的两个分数比较大小和进行加减运算，分子和分母同时乘以不等于0的数，使分母相同，这个过程叫作通分。通分的分母叫作公分母。

通分方法

以两个分母相乘得到的数作为公分母。	以两个分母的最小公倍数作为公分母。
$(\frac{5}{12},\frac{4}{15}) \rightarrow (\frac{5\times15}{12\times15},\frac{4\times12}{15\times12}) \rightarrow (\frac{75}{180},\frac{48}{180})$	$(\frac{5}{12},\frac{4}{15}) \rightarrow (\frac{5\times5}{12\times5},\frac{4\times4}{15\times4}) \rightarrow (\frac{25}{60},\frac{16}{60})$

● **道奇的问题**（难易程度：五年级上学期）

> 下面 5 个分数中哪个与其他 4 个分数大小不一样？

● **达莱的问题**（难易程度：五年级上学期）

很久以前，一位老人给三个儿子留下了这样的遗言：

"我亲爱的儿子们！我要把家里 17 头牛的 $\frac{1}{2}$ 给大儿子，$\frac{1}{3}$ 给二儿子，$\frac{1}{9}$ 给三儿子。"

三个儿子各得几头牛呢？

提示：从邻居家借一头牛，变成 18 头牛，再做思考。

● **智妮的问题**（难易程度：五年级上学期）

贤者一共有几名弟子？

"我弟子中一半的人在寻找世界的真理，$\frac{1}{5}$ 的人在研究数学问题，$\frac{1}{4}$ 的人在探究其他领域的知识，剩下的一个人回家乡去了。"

$\frac{22}{36}$

$$\frac{16}{24} = \frac{16 \div 8}{24 \div 8} = \frac{2}{3} \qquad \frac{32}{48} = \frac{32 \div 16}{48 \div 16} = \frac{2}{3}$$

$$\frac{8}{12} = \frac{8 \div 4}{12 \div 4} = \frac{2}{3} \qquad \frac{22}{36} = \frac{22 \div 2}{36 \div 2} = \frac{11}{18}$$

所以，$\frac{32}{48} = \frac{16}{24} = \frac{8}{12} = \frac{2}{3}$，

与其他 4 个分数大小不同的分数是 $\frac{22}{36}$。

大儿子得 9 头，二儿子得 6 头，三儿子得 2 头。

18 头牛的 $\frac{1}{2}$ 是 9 头牛，$\frac{1}{3}$ 是 6 头牛，$\frac{1}{9}$ 是 2 头牛，所以大儿子得 9 头，二儿子得 6 头，三儿子得 2 头，把剩下的一头还给邻居家。老人所说的三个分数之和应该等于 1，可是 $\frac{1}{2} + \frac{1}{3} + \frac{1}{9} = \frac{17}{18}$，因此要从邻居家借来一头牛，再做计算。

20 名

设弟子人数为 x，可以得出：

$$x = \frac{1}{2}x + \frac{1}{5}x + \frac{1}{4}x + 1$$

$$x = \frac{10}{20}x + \frac{4}{20}x + \frac{5}{20}x + 1$$

$$x = \frac{19}{20}x + 1$$

$$\frac{1}{20}x = 1$$

$$x = 20$$

第五章　黑暗峡谷地图

明白。

吧唧
吧唧

慢点吃，别
噎着……

那其他的贤者大人
什么时候回来呢?

吧唧……

大部分贤者在旅行或
者在某个地方修炼。

都是些行踪
不定的人。

其实我也在准备
修炼旅行呢。

我们再晚点来恐怕
就见不到您了。

嘻嘻……

不过你们来这里
是为了什么呢?

恶心。

什么?

别西卜?！

......

对,您知道
他在哪吗?

知道是知道……

哇，真的吗？

！

不过你们为什么要见那个凶残的巫师呢？

是想成为世界首富吗？

或者是想成为一国之君？

……

还是想长生不老？

别，别西卜有那么大的能耐啊！

哇啊！

嗯……

我也不清楚。

只是找他的人大多数是想实现这样的愿望……

哼！

不过，从来没听说过谁如愿以偿。

……

其实我们来自这个世界以外的"外面的世界"。

什么?

我们听说别西卜能够进出外面的世界，

所以想问问他有没有办法把我们送回外面的世界。

哦，外面的世界!

曾经有一个贤者提起过……

那，那个，贤者大人，不好意思，打断一下。

刚才吃了凉的水果，肚子不舒服，

能不能用一下洗手间和手纸呢？

……

哎哟……

咕噜噜

……

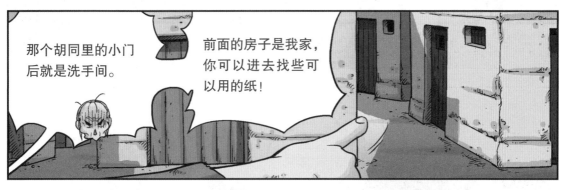

那个胡同里的小门后就是洗手间。

前面的房子是我家，你可以进去找些可以用的纸！

谢，谢谢……呃！

别废话，赶紧走！

噗

让你慢点吃嘛……

憋住哦！

呃啊啊啊啊

嗯。

咣当当

不过，你们……

哇呀呀

贤，贤者大人，这里这么多纸，用哪个啊？

随便用吧！

那点事还得说那么清楚吗？

大发雷霆

知道了。

嘎吱

咣

真是个啰唆的家伙……

我讲到哪了？

讲到"不过，你们……"。

嗯，你们……

知道别西卜是什么人吗？

哦。

不清楚，只知道他是连创世主也不敢轻易招惹的强大巫师。

远远不止。

在路西法之前，别西卜是支配黑暗世界的人物……

如果没有路西法，他应该会成为创世主。

！

战败之后，他被赶到"黑暗峡谷"，

但总有一天他会重整旗鼓，大闹一场的。

原来是这么厉害的角色啊。

所以说……

你们向那种人寻求帮助，

等于是成为路西法的敌人。

知道是什么意思吗？

86

如果你们寻找别西卜的消息被传开，路西法的军团就会追踪你们！

没准儿路西法的护卫队还会亲自出动。

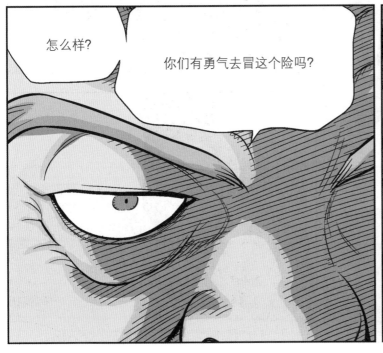

怎么样？

你们有勇气去冒这个险吗？

......

当然了！

啊啊

我们要回去，
别无选择。

呼

呼

……

吓，吓死
我了，你这
小子。

我……又
饿了……

还有吃
的吗？

……

你还想
吃啊？

你的想法呢？

师傅留下的世上仅有的一幅

"黑暗峡谷地图"就送给你们了!

哇呀呀

谢谢您，贤者大人。

呵呵,能发挥用处,师傅也会高兴的。

……

奇怪。

我明明把地图
放在这的……

不……不会是……

您是在找那张画满图画的黄色旧纸吗?

……

……

……

……

啪

啊?

啊啊啊啊啊……

师傅的唯一遗物啊!

道奇,你到底干了什么?

大怒。

……

?

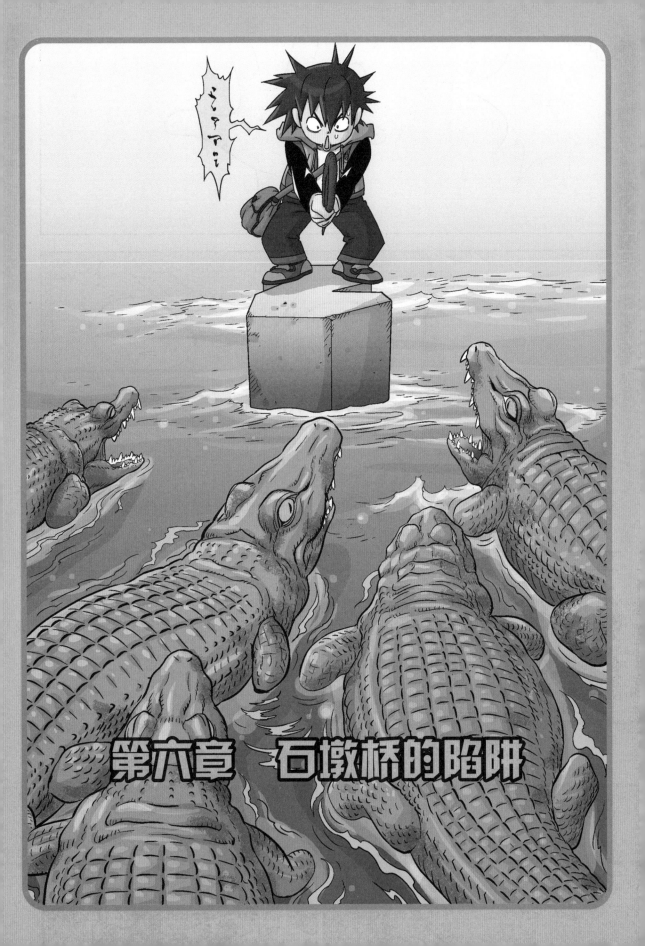

第六章　石墩桥的陷阱

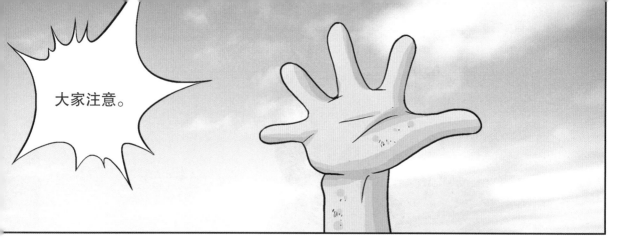

大家注意。

准备好去冒险了吗？

嗯……

是。

……

好，那就出发吧！

他……

……

他为什么非要跟我们一起去啊?

怪别扭的……

♪

你不会忘了吧。

要我告诉你是因为谁吗?

那,那倒不用……

干吗呢?不想走了?

走啊,走!

……

总的来说，图形就是……

让数学更加有趣的元素之一。

这样啊。

尤其要记住我刚才说的"图形的旋转"。

阿阿

啪

啊！

要好好听贤者大人说话！

……

都是对你有好处的……

现在比掌握这些知识更要紧的是找到去黑暗峡谷的路！

都不知道我们在哪，

走的方向对不对。

什么？

真是忘恩负义，我这么辛苦都是因为谁啊？

......

对啊。

你们别担心。

附近有流水声，看来是走对了！

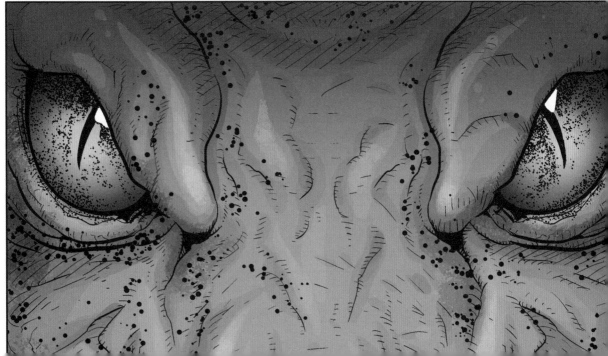

心惊 胆战

哗啦......

这些家伙被施了咒，不能爬上岸，放心吧。

呼 呼

施咒？

是的，有人说是别西卜干的，也有人说是别的魔法师干的……

总之,这条河里有鳄鱼,只能踩着施咒人架的石墩桥过河,知道了吗?

为什么不早点告诉我?!

啊啊!

说了你也会当耳边风!

哼……

……

哼。

啊,贤者大人,前面有石墩桥!

哦!

……

还记得我刚才讲的
"图形的旋转"吗?

?

是。

好。你们先等等,
不要跟过来。

啪

咦?

砰 砰

被踩过的石墩
都沉下去了!

砰 啪

砰

……

你们再等会儿。

唰！唰！唰！......

哇哦！

又升起来了？

可是石墩的形状变了。

刚才是圆柱形，现在是三棱柱形！

噢！

看好第一个柱子的形状！

！

只能踩那些旋转后跟第一个柱子形状一样的柱子！

只要错一次，柱子全都会沉下去！

！

第一个柱子的底面是正三角形吧？

旋转图形是什么意思啊？

……

简单说就是指"全等"的图形。

也就是说只能踩底面是正三角形的柱子。

哦！

三角形容易弄混，我给你们做个示范。

啪

啪

哇，好棒啊。

砰 啪 啪

砰 砰

原来贤者大人故意挑了
最简单的圆形啊。

卑鄙……ᴏᴏᴏ

♥

唰！唰！唰！……

这次底面都是
四边形！

这个比三角形简单，

达莱，你先过吧！

嗯，谢谢啦。

哇哈哈

做得好，达莱。

哼哼……这次会出现长方形、菱形，还是五边形呢？

你们看我的！

嘿

嘿

上天为什么只折磨我一个人？

告诉你件事，

石墩桥一天只能过四次！

什么？

大惊

如果你想故意走错一步，再等下一轮图形出现，那只能等到明天早上了。

……

把我看成什么人了？

心虚

哇，看来今天没别人能过桥了，太幸运了。

要不要使用魔法过去呢？

跟幸运没关系，这儿本来就很少有人来。

哎，算了……

这会伤害天才数学家的自尊心啊……

啊啊啊啊……

好吧，

集中注意力，这些古怪的图形也难不倒我的。

专注……

哈哈。

啪

啪

啊！

不行，这个图正好与第一个图相反，

好险啊！

呼……

砰

啪

啊？

失礼了。

咦，刚才是不是什么东西闪过去了？

您就假装没看见吧。

……

啊！

等下，那道奇怎么办？

● 全等图形

如果两个图形叠放在一起完全吻合，这两个图形就是全等的图形。全等的两个图形大小相同。找出下面图形中全等的图形。

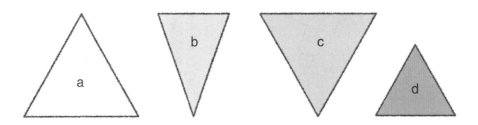

通过翻转或旋转，再将图形叠放在一起，找出完全相等的图形。a 和 c 是全等的图形，a 和 d 虽然形状相同，但大小不一，所以不是全等。形状相同、大小不一的图形叫作相似图形。

● 对应边、对应点和对应角

把全等的两个图形叠放在一起，可以看到有重叠的点、边和角。重叠的点叫作对应点，重叠的边叫作对应边，重叠的角叫作对应角。

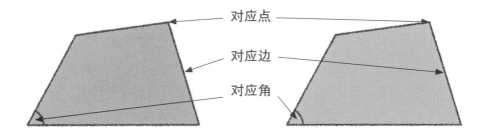

全等的四边形有四个对应点、四条对应边和四个对应角。全等的三角形有几个对应点、对应边和对应角呢？各三个。上面说过，对应边是重叠的边，对应角是重叠的角。全等图形的对应边长度一样，对应角大小一样。

道奇的问题 （难易程度：五年级上学期）

在下列图形中找出全等的图形。

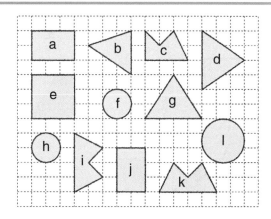

达莱的问题 （难易程度：五年级上学期）

七巧板是一种智力游戏，由右图中七块板子组成，用它们可以拼出各种图形和文字。用其中的两块七巧板，可以拼出下面两个四边形。

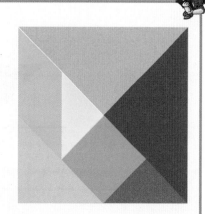

用三块七巧板，是否能拼出几个五边形呢？

智妮的问题 （难易程度：五年级上学期）

把右边的图形四等分，分出全等的图形，四等分的图形必须是六边形。

a和j，d和g，f和h，i和k，

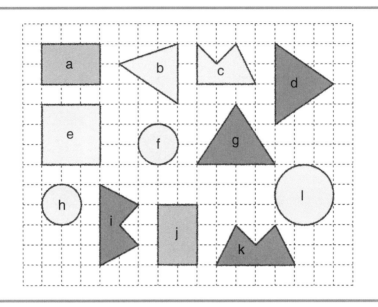

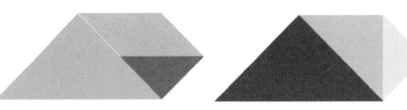

五边形是由五条线段围成的图形。用七巧板中的两个大直角三角形与之前拼好的四边形组合，可以做出全等的五边形。

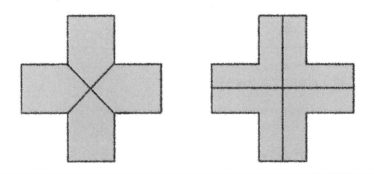

先想想如何把图形四等分，再从中找出等分后图形是六边形的。

第七章 光战士达帕尔

哇!

照您所说，简单的三角形也不能小看啊。

那当然。

仅是直角三角形，理解它的性质之后也能把它用在无限多的领域中。

！

哦，我突然想起来，上次遇到哲学家毕达哥拉斯老师，他计算金字塔的高度，也是利用了直角三角形的性质呢。

呵呵。

真是了不起的人啊，有机会想见一面……

他很久以前就去世了。

那太可惜了……

居然是很久以前的人，更让人刮目相看了。

……

不过您刚才说，可以用计算三角形面积的方法计算四边形的面积，对吧？

嗯……

烦人的数学有啥可聊的……

就是说……

贤者大人！

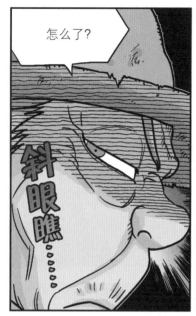

怎么了?

我不是不尊重您,

不过咱们专心赶路是不是更好呢?

你不尊重我,都写在脸上了。

！

啪
啪
啪

怎,怎么会呢?

脸上哪有字啊?

你的态度说明一切,小子!

贤者大人，您饶了他吧。

看在达莱的分上，我饶你一次。

你还是不要说话好了。

……

不过我能理解你的心情，

让我看看。

哦，在前面。

这是去往黑暗峡谷的第二个路标，水果草！

哇！西，西瓜！

就知道你会是这样的下场。

道，道奇！

……

这些水果草变成水果的形状引诱动物靠近，然后再将动物吞掉。

哇！

所以千万不能碰水果草，知道了吗？

知道了……

怎么不先告诉我？！

过河的时候也不告诉我……

暴怒

刚才经历过一次险境了，你该慎重行动才对嘛。

你呀，根本不知道吸取教训。

……哼！

刚才说到哪了？

计算四边形面积的方法。

对，对。

……

等等，

之前是给达莱讲了什么理论之后才出现石墩桥的。

那就是说，现在讲的内容可能跟下一个陷阱有关系。

嗯……

？

你知道计算正方形或长方形的面积是用长度乘以宽度吧？

知道。

不过其他四边形的面积计算起来就比较复杂。

虽然形状不同，但基本道理是一样的。

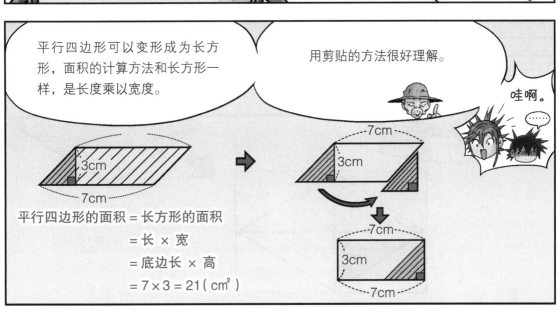

平行四边形可以变形成为长方形，面积的计算方法和长方形一样，是长度乘以宽度。

用剪贴的方法很好理解。

哇啊。

……

平行四边形的面积 = 长方形的面积
= 长 × 宽
= 底边长 × 高
= 7 × 3 = 21 (cm²)

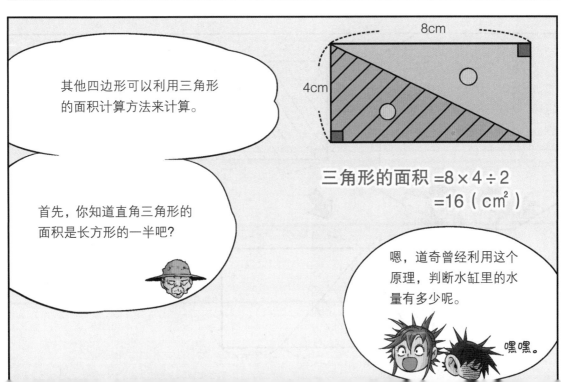

其他四边形可以利用三角形的面积计算方法来计算。

首先，你知道直角三角形的面积是长方形的一半吧?

三角形的面积 = 8 × 4 ÷ 2
= 16 (cm²)

嗯，道奇曾经利用这个原理，判断水缸里的水量有多少呢。

嘿嘿。

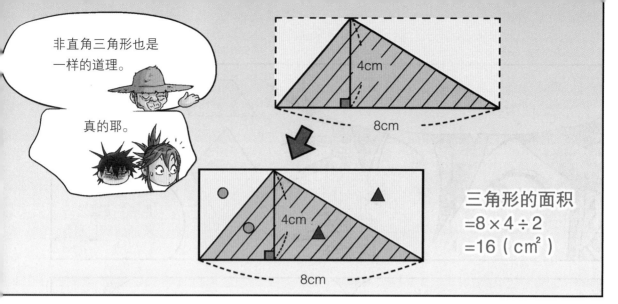

非直角三角形也是一样的道理。

真的耶。

4cm

8cm

4cm

8cm

三角形的面积
$$=8 \times 4 \div 2$$
$$=16（cm^2）$$

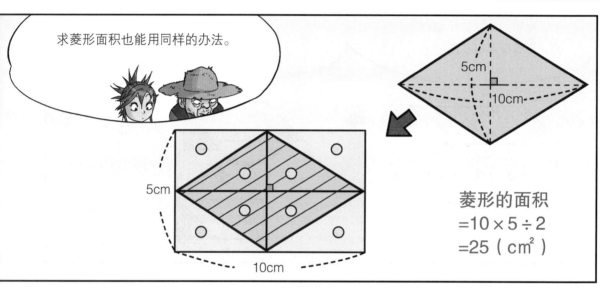

求菱形面积也能用同样的办法。

5cm

10cm

5cm

10cm

菱形的面积
$$=10 \times 5 \div 2$$
$$=25（cm^2）$$

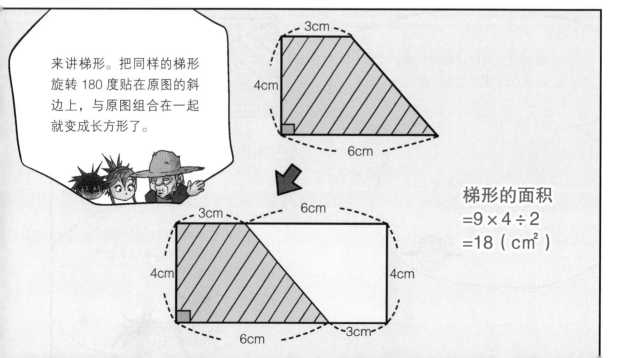

来讲梯形。把同样的梯形旋转180度贴在原图的斜边上，与原图组合在一起就变成长方形了。

3cm

4cm

6cm

3cm   6cm

4cm   4cm

6cm   3cm

梯形的面积
$$=9 \times 4 \div 2$$
$$=18（cm^2）$$

那这种形状的四边形呢?

都一样，可以利用除以2的方法。

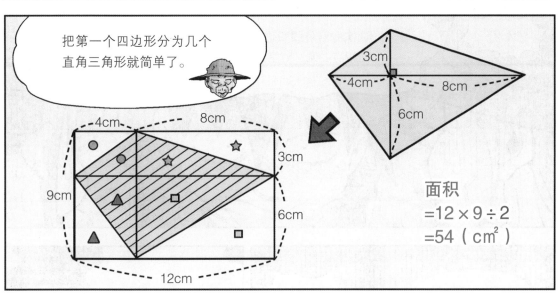

把第一个四边形分为几个直角三角形就简单了。

3cm
4cm
8cm
6cm

4cm
8cm
3cm
9cm
6cm
12cm

面积
=12×9÷2
=54（cm²）

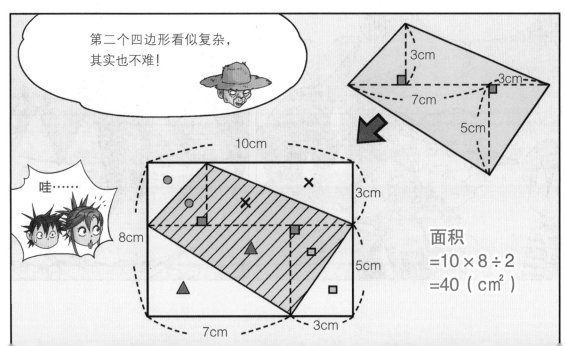

第二个四边形看似复杂，其实也不难!

3cm
3cm
7cm
5cm

哇……

10cm
3cm
8cm
5cm
7cm
3cm

面积
=10×8÷2
=40（cm²）

真的和计算三角形面积的方式一样耶。

太神奇了！

这是最基本的。

啊哈，所以说……

……

这次的陷阱跟四边形的面积有关系，对吧？

……

……

陷阱？

你哪儿不舒服吗？

哼，假装不知道！

啊!

出现了!
四边形!

哈!

?

我就知道会
这样!

哈

......

咦?

这不是四边形,
是立方体哦。

什,什么东西?

啊!

是光战士,快躲开!

光战士?

……

咳！

啊！

不要！

！

道奇！

不能过去，
达莱！

怎么了?

你什么时候躲进去的啊?

刚才一着急踩到西瓜了。

……

你们胆敢违反禁忌,去见别西卜!

遵照我的主人路西法的命令,

● 图形的面积

　　我们用 cm、m、km 等单位表示距离，而面积要用 cm²、m²、km² 来表示。边长为 1cm 的正方形面积为 1cm²，读作"一平方厘米"。右边长方形的面积是多少呢？

　　把长方形等分为边长 1cm 的正方形，能分出 20 个正方形，因此长方形的面积是 20cm²。

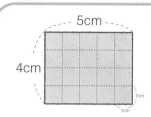

长 × 宽，就能知道共有几个 1cm²。

长方形的面积 = 长 × 宽

● 计算多边形的面积

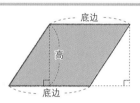

平行四边形的面积 = 长方形的面积
　　　　　　　　= 长 × 宽
　　　　　　　　= 底边长 × 高

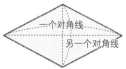

菱形的面积
= 一个对角线长 × 另一个对角线长 ÷2

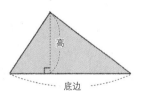

三角形的面积
= 平行四边形的面积 ÷2
= 底边长 × 高 ÷2

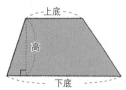

梯形的面积
=（上底 + 下底）× 高 ÷2

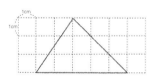

▶计算三角形的面积

把全等的两个三角形拼接在一起，组成平行四边形。

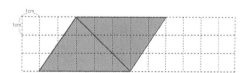

平行四边形的面积是底边长 × 高，也就是 5×3=15cm²。由于三角形的面积是平行四边形的一半，所以三角形的面积是 15÷2=7.5cm²。

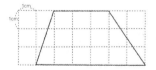

▶计算梯形的面积

把全等的两个梯形拼接在一起，组成平行四边形。

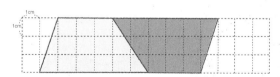

平行四边形的面积是底边长 × 高，
也就是 9×3=27cm²。
因此梯形的面积是 27÷2=13.5cm²。

● **道奇的问题**（难易程度：五年级上学期）

下面五个三角形中面积与其他四个不同的是哪一个？

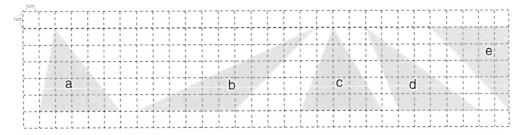

● **达莱的问题**（难易程度：五年级上学期）

绿色图形的面积是多少？

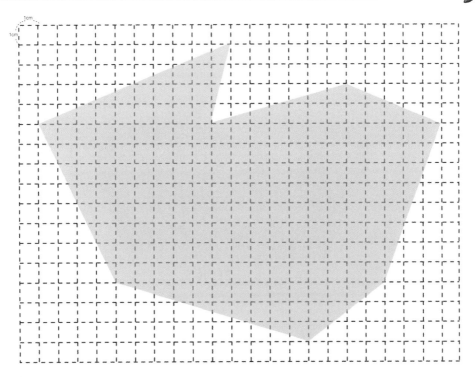

b

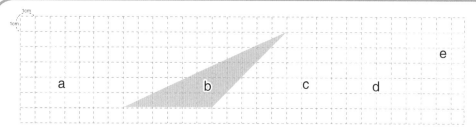

三角形 a、b、c、d、e 的高均为 5cm。其中 b 三角形的底边长为 6cm，其他三角形的底边长为 5cm，所以 b 三角形的面积不同。

191cm²

绿色图形是个不规则图形，首先把它分解为我们熟悉的三角形和梯形，一共有三个三角形和一个梯形。分别计算它们的面积，再把它们的面积相加起来就能得到绿色图形的面积。

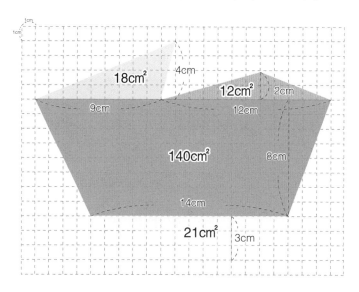

（9×4÷2）+（12×2÷2）+{（21+14）×8÷2}+（14×3÷2）

=18+12+140+21

=191（cm²）

绿色图形的面积是 191cm²。

第八章　死亡之光

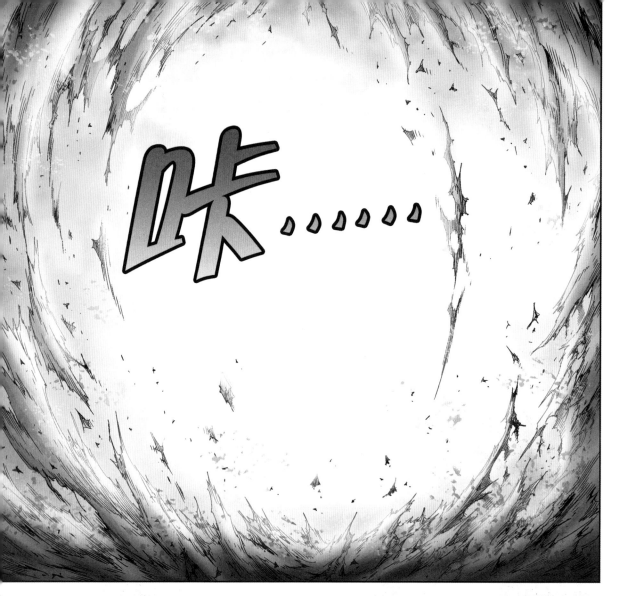

嗯?

啊!

巴尔扎克！

不用担心，主人！

我来对付那个家伙！

你？

你能打赢他吗？

……

当然，我跟那家伙在战场上交过手。

是吗？

哇！

是的，和凯撒大帝一起……

等等！

我怎么记得应该是……

只有呼叫你，你才会出现的呀？

……

……

……

你叫了他吗？我好像没听到哦。

……

又是他！

居然两次都挡住了我的死亡之光……

啊……没事。

您没事吧？

看到没，想活命就闭嘴，知道了吗？

是、是！

胆敢妨碍我光战士执行任务，

你是什么人？

嘿嘿嘿！

好久不见，达帕尔，没想到在这儿又见面了。

谁？

你是谁？

装什么熟人？

啊？

还以为他们互相认识，原来对方都不认识他哦。

我要坚持住……

巴尔扎克？

我是真理骑士巴尔扎克，你忘了吗？

不可能，那个凶恶的家伙早被路西法大人消灭了。

光战士原来是这个样子的啊！

跟他的名字不太相符哦。

还不如刚才的样子呢。

……

你又在做坏事……

我决不原谅你，决不！

你真的能打败那么
强大的对手吗?

当然,攻击他的弱点就行!

弱点?　　　　　　　　　　　　　嗯。

当光战士们变身为立体
图形的时候,图形底面
就是他们的弱点。

底面?

第一次和我交战的家伙是三棱
锥体,我攻击他的正方形底面,
才得以打败他。

底面是弱点……

……

那只要知道立体图形的展开图是什么，就能找到他的弱点哦。

是的。

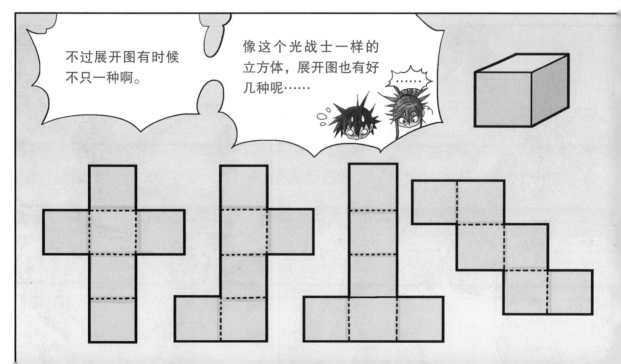

不过展开图有时候不只一种啊。

像这个光战士一样的立方体，展开图也有好几种呢……

……

等等！刚才变身的时候……

着地的部分是……

屁股！是屁股！

啊，对！

！

为时已晚！

巴尔扎克！你再强大也抵挡不了我的超级光的攻击！

轰隆隆……

喀啦

啦……

啊！

这，怎么会？

哼，

你也太小看我这大魔法师了……

你说"光"是吧?

居然挡住了我的死亡之光!

再强大的光,也不能穿透镜子。

来吧!看我怎么收拾你!

哇哈哈哈......

法力有所提高嘛。

......

啪

啪

来啊,快来啊......

你,你们这些浑蛋!

太嚣张了!

咯嚓......

咯嚓

以为我只会用光，那你就大错特错了。

刺 刺

刺

刺

刺啦

你不会又忘了我的存在吧？

！

你，你这家伙……

巴……巴尔……扎克……

● 立体图形的透视图

长方体不同于四边形和三角形等平面图形，是占据空间的立体图形。在纸上画长方体的时候，如何正确地体现它的模样呢？如右图，画平行线，

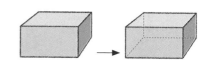

看得见的部分用实线画，看不见的部分用虚线画。这样的图叫作长方体的透视图。

● 立体图形的表面展开图

不同于透视图，把长方体展开，用虚线表示折叠过的部分，这样的图叫作立体图形的表面展开图。把长方体的六个面展开在平面上，相对的两个面大小和形状相同。把正方体的六个面展开在平面上会是什么样子呢？六个面是大小和形状相同的正方形。

长方体表面展开图

正方体表面展开图

你能画出足球的表面展开图吗？

足球由 12 个正五边形和 20 个正六边形组成，右图是它的表面展开图。

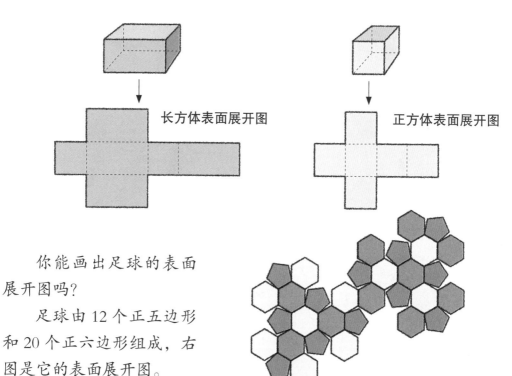

道奇的问题（难易程度：五年级上学期）

将6个大小一样的正方形组合在一起，可以组成35种图形。其中有几种是正方体的表面展开图呢？

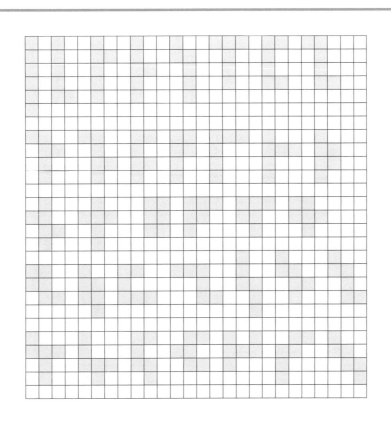

达莱的问题（难易程度：五年级上学期）

展开右图的正方体，能得到什么样的表面展开图呢？

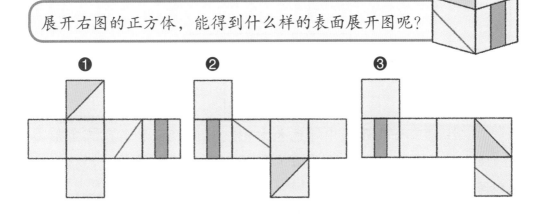

❶ ❷ ❸

11 种

组合的图形中共有 11 种是正方体的表面展开图。不确定的话可以剪下来叠叠看，现在大家能画正方体的多种展开图了吗?

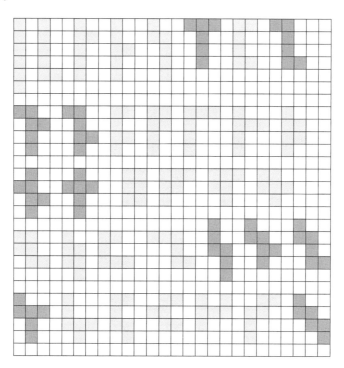

2

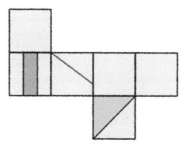

注意三个展开图中绿色长方形、蓝色线段和黄色三角形所在的面是否相邻。再看看它们的形状是否和原图的形状相同。

第九章 意外的相遇

咳咳!

哇，终于得救了!

哎哟!

咳咳!
咳咳!

巴……巴尔扎克!

巴尔扎克,你怎么样了?

巴尔扎克，
你在哪？
快回答！

喂！骷髅，你
还活着吗？

！

不，不要！

不要死！

……

巴尔扎克！

是！

他本来就是这个样子，怕什么呀？

那个东西本来就是骷髅嘛。

噢，对！

嘿 嘿

"那个东西"？

幸亏有巴尔扎克，我们都安然无事。

是啊，干得好，巴尔扎克。

没什么啦。

哼。

虽然不太情愿……

不过你这个样子，会让别人厌恶。

既然你的旧衣服被烧掉了，那就赐予你新衣服吧。

……

希望你以后更好地
为我们效力，

知道了吗？

……

这是我竭尽所有魔法
能力创作而成的衣服，
好好珍惜吧！

这是什么？！

噌

臭小子，看我怎么
收拾你！

你这个不知好
歹的鬼魂！

非要这样吗？

就是
啊……

路西法的手下一直在盯着我们，我们要加倍小心。

……

是啊。

总之，

暂时由我来保护各位。

以前只是观望，现在却出手了，

看来路西法很在意别西卜的存在。

幸亏巴尔扎克知道光战士的弱点。

没，没什么。

主人能迅速找出弱点，真是了不起。

没，没有啦。

不过，光战士们都是立体图形模样的吗？

哼。

是，据我了解是这样的。

大家都忘了我和镜子的巨大功劳。

哼。

你在嘀咕什么啊？又饿了吗？

不饿！

下次再遇到路西法的手下，我不会帮你们的！

走着瞧……

那有没有球体的光战士啊？

嗯？

这，这个嘛，至今没见过。

球，球体？

"球体"是没有底面的图形！

如果真的有这种形状的光战士……

不就没有弱点了吗？

不会吧……不可能有那么恐怖的光战士。

骷髅小子都没见过呢。

？

那是什么？

啊？

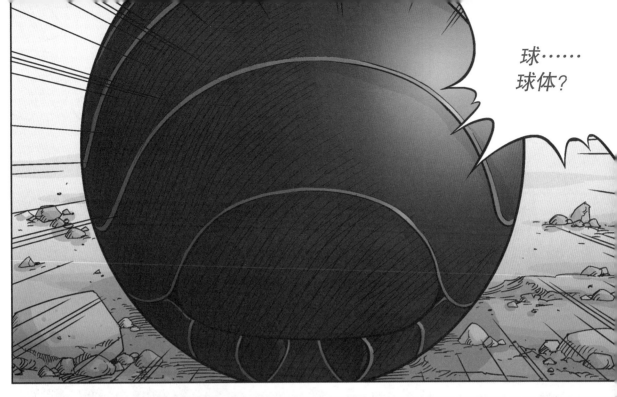

球……
球体？

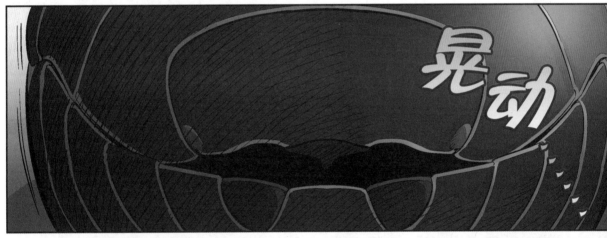

晃动

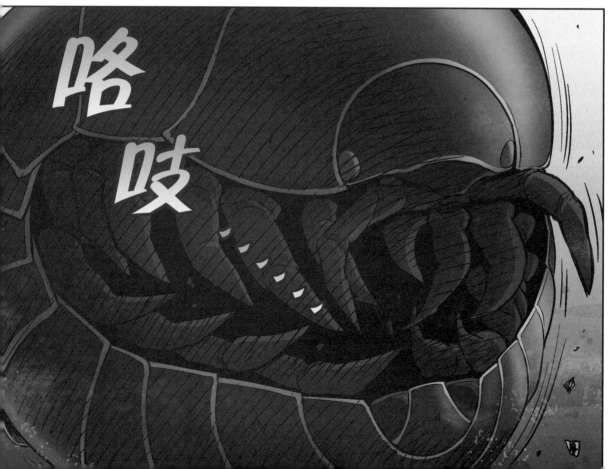

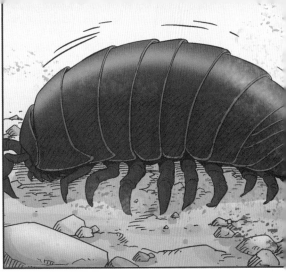

……

……

被潮虫吓成这样了啊!

不会吧,他会不会真的看到了光战士?

吓我一跳……

……

可恶！

你这臭虫子！

走吧，走吧！

……

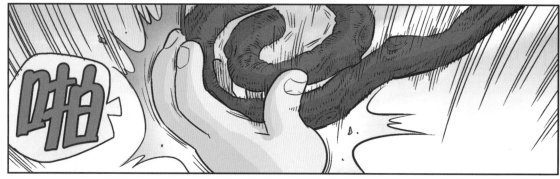

干什么？

够了！

让它走吧。

……

怎么可以欺负无辜的小虫子呢？

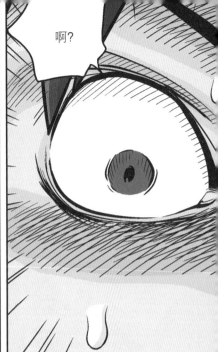

啊？

啊啊啊啊

爸爸？！

精彩续集，请看"数学世界历险记"第5册《黑暗中的怪物》。